Komplexe Zahlen in der Elektrotechnik

Wolfgang Bengfort
ET-Tutorials.de

Texte und Bilder Copyright ©2015, Wolfgang Bengfort

1. Auflage

Impressum

Wolfgang Bengfort
Kinderhauser Straße 91
48147 Münster
Internet: ET-Tutorials.de

ISBN-13:978-1514169896
ISBN-10:1514169894

Vorwort

Im Bereich der Elektrotechnik ist neben der Berechnung von Gleichstromnetzen die Beschäftigung mit der Wechselstromtechnik eine der Herausforderungen von Studenten technischer Studiengänge.

Eine große Hilfe bei der Berechnung von Wechselstromnetzen ist die Verwendung der **komplexen Zahlen.**

Schüler und Studenten der Elektrotechnik und verwandter Disziplinen werden daher häufig bereits zu Beginn ihrer Ausbildung mit dem Thema Wechselstrom und der mathematischen Beschreibung mit Hilfe der komplexen Zahlen konfrontiert.

Dieses Buch setzt ein Grundwissen der Wechselstromtechnik, wie beispielsweise die Kenntnisse von Zeigerdiagrammen, voraus. Dieses Grundwissen wird beispielsweise in einer elektrotechnischen Berufsausbildung vermittelt. Alternativ vermittelt bietet auch das Buch **Wechselstrom und Zeigerdiagramme** des Autors die notwendige Basis.

Ziel des vorliegendes Buches **Komplexe Zahlen in der Elektrotechnik** ist es, den Studierenden bei dem **Verständnis und der Anwendung komplexer Zahlen** in einfachen Schaltungen punktgenau zu unterstützen − **ohne Ballast.**

Das Buch erläutert zunächst Schritt für Schritt die mathematischen Grundlagen der komplexen Zahlen. Hierbei wird insbesondere auf das Verständnis der Zusammenhänge Wert gelegt.

Anschließend wird anhand von **konkreten Beispielen** die Anwendung der komplexen Zahlen in der Elektrotechnik erläutert. Hierbei wird sowohl die schrittweise Berechnung der Schaltungen mit einfachen mathematischen Werkzeugen als auch die Verwendung des Taschenrechners zum direkten Rechnen mit komplexen Zahlen gezeigt.

Einzelne Aspekte werden in speziellen **Online-Videos** für die Leser dieses Buches veranschaulicht.

Münster, Februar 2015

Wolfgang Bengfort

Inhaltsverzeichnis

Warum komplexe Zahlen?

In der Wechselstromtechnik werden häufig Zeiger verwendet um Wechselgrößen zu addieren oder zu subtrahieren.

In einer Reihenschaltung lassen sich beispielweise mit Hilfe von Zeigern sehr leicht Wechselspannungen addieren, auch wenn sie unterschiedliche Phasenlagen haben. Dies ist erheblich schneller und genauer als die die Addition einzelner Spannungswerte im Zeitbereich.

Mit Hilfe vom Satz des Pythagoras und den Winkelfunktionen lassen sich so viele Aufgabenstellungen der Wechselstromrechnung lösen.

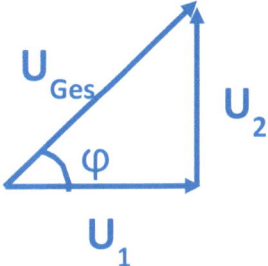

Werden die Schaltungen jedoch umfangreicher, so wird die Berechnung allein anhand von Zeigerdiagrammen sehr kompliziert und aufwändig. Spannungen, deren Zeiger nicht senkrecht aufeinander stehen, können mit einfachen trigonometrischen Betrachtungen nur sehr aufwändig gelöst werden. Auch Sinus- und Cosinus-satz machen hier die Aufgabe nicht wirklich angenehmer.

Andere Aufgaben, wie beispielsweise die Multiplikation bzw.

Division von Wechselgrößen, sind mit Zeigern nur durch Tricks zu lösen.

Die Berechnung der Impedanz $\underline{Z}$ aus Spannung $\underline{U}$ und Strom $\underline{I}$ kommt beispielsweise sehr häufig vor.

$$\underline{Z} = \frac{\underline{U}}{\underline{I}}$$

Glücklicherweise haben die Mathematiker hier noch einige Pfeile im Köcher und können uns Elektrotechnikern weiterhelfen.

Und zwar mit **komplexen Zahlen**. Vom Namen sollte man sich aber nicht abschrecken lassen.

Im Gegenteil: Komplexe Zahlen machen einiges einfacher.

Mit dem richtigen Taschenrechner kann man mit komplexen Zahlen prinzipiell genauso rechnen wie mit den "normalen" reellen Zahlen. Aber dazu später mehr hier in diesem E-Book.

Zeigerdiagramme in der Wechselstromtechnik

In der Wechselstromtechnik werden sinusförmige Wechselsignale im allgemeinen nicht im Zeitbereich beschrieben, sondern mit Hilfe von Zeigerdiagrammen.

Dieses E-Book setzt grundlegende Kenntnisse in der Wechselspannungstechnik und somit auch dem Umgang mit Zeigerdiagrammen voraus.

Zur Auffrischung zum Thema Wechselstromtechnik, bzw. zur Vorbereitung auf das Thema der komplexen Zahlen in der Wechselstromtechnik gibt es von mir ebenfalls ein Buch.

Der Link zum Buch ist unter http://ET-Tutorials.de/Bucher zu finden.

Die Grenzen von Zeigerdiagrammen

Zeigerdiagramme sind sehr gut geeignet, um Zusammenhänge in der Wechselstromtechnik dazustellen.

Einfache Zusammenhänge, wie beispielsweise die Zusammenhänge einer Knotenpunktgleichung lassen sich durch Zeigerdiagramme gut verdeutlichen.

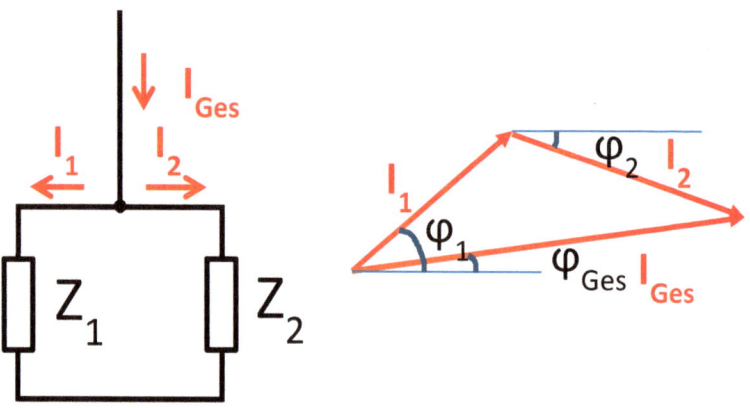

Aber schon bei diesem Beispiel zeigt sich, dass Berechnungen bei Zeigern, die nicht in einem rechten Winkel zueinander stehen, aufwändig werden.

Zeigerdiagramme mit sehr vielen Zeigern erhöhen den Aufwand weiter.

Die Anforderungen bei der Berechnung von Zeigerdiagrammen sind jedoch immer gleich.

Es müssen Berechnungen, beispielsweise Additionen im obigen Beispiel, in einem zweidimensionalen Raum durchgeführt werden.

Diese Problemstellungen lassen sich ideal mit den komplexen Zahlen lösen.

Was sind komplexe Zahlen

Für die Verwendung der komplexen Zahlen wird der bereits aus der Schule bekannte Zahlenstrahl, der die reellen Zahlen beschreibt um eine dazu senkrechte Achse erweitert.

Es entsteht die komplexe Zahlenebene, auch Gaußsche Zahlenebene genannt.

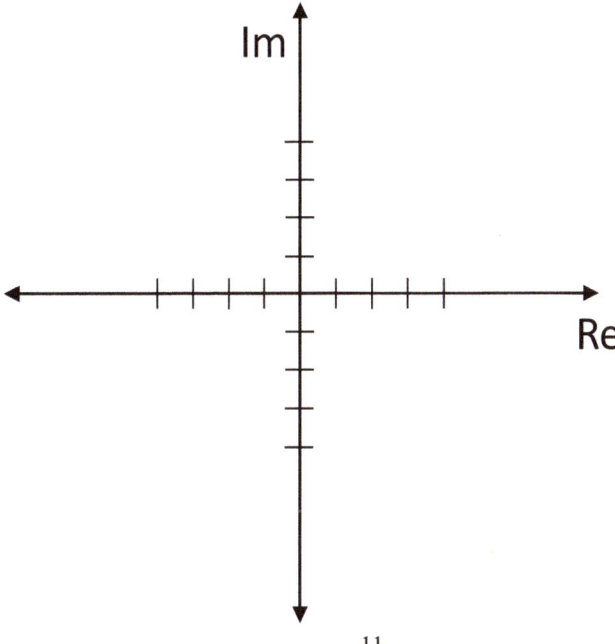

Die Achse für die reellen Zahlen (die „x-Achse") wird dabei wie bekannt reelle Achse (Re) genannt.

Die dazu senkrecht stehende Achse (die „y-Achse") nennt man imaginäre Achse (Im). Die hierauf abgetragenen Zahlenwerte sind die **imaginären Zahlen.**

Um imaginäre Zahlen von reellen Zahlen unterscheiden zu können, erhalten die imaginären Zahlen in der Mathematik den Zusatz i. Eine imaginäre Zahl a=3i ist demnach in der komplexen Ebene eine Zahl mit 3 Einheiten in der „y-Richtung".

Um eine Verwechselung mit der Stromstärke zu vermeiden, kennzeichnet man imaginäre Zahlen in der Elektrotechnik mit dem Buchstaben j. In unserem Beispiel also a=3j.

Hinweis zur Schreibweise: In der Elektrotechnik werden komplexe Zahlen verwendet, um Zeiger darzustellen. Da Zeiger in der Elektrotechnik mit einem Unterstrich versehen werden, werden im Folgenden auch hier komplexe Zahlen unterstrichen dargestellt.

Also: a̲=3j

Darstellung einer komplexen Zahl in kartesischen Koordinaten

Die Angabe einer komplexen Zahl in Realteil (dem reellen Teil der komplexen Zahl) und Imaginärteil (dem imaginären Teil der Zahl) wird als Darstellung in kartesischen Koordinaten bezeichnet. In der Literatur findet man auch die Bezeichnung „algebraische Form".

Beispiel:

Eine Zahl $\underline{a}=4+3j$ hat den Realteil $\text{Re}\{\underline{a}\}=4$ und den Imaginärteil $\text{Im}\{\underline{a}\}=3j$.

In der komplexen Zahlenebene kann die Zahl $\underline{a}$ demnach so dargestellt werden.

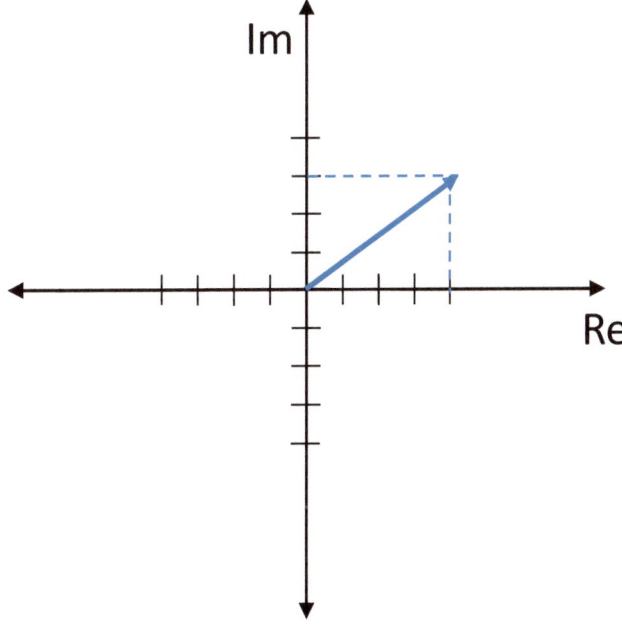

Darstellung einer komplexen Zahl in Polarkoordinaten

Die zweite wichtige Darstellungsform komplexer Zahlen ist die Darstellung in Polarkoordinaten.

Hier wird eine komplexe Zahl mit der Angabe des Betrages und dem Winkel in der komplexen Ebene beschrieben.

Beispiel: Ein Spannungszeiger

$$\underline{U} = 5V\angle 30°$$

Hat den Betrag U=5V und den Winkel 30°.

Die Darstellung in der komplexen Zahlenebene sieht wie folgt aus:

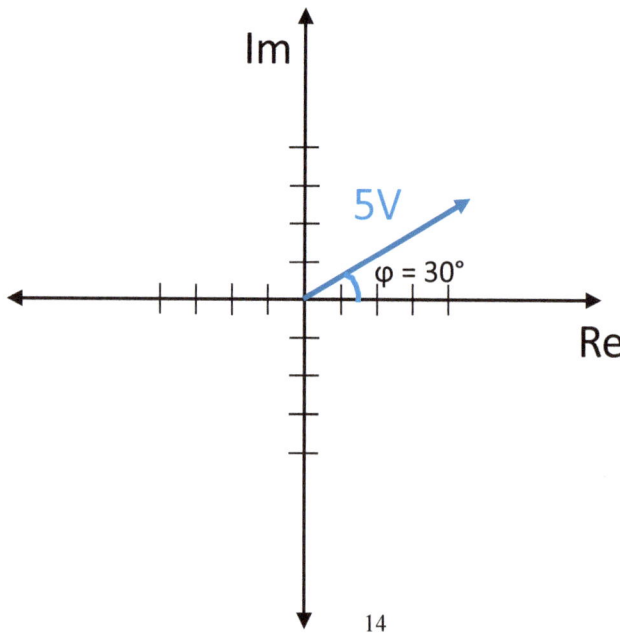

Die mathematische Darstellung in Polarkoordinaten erfolgt in der sogenannten Exponentialform:

$$\underline{U} = 5V \cdot e^{j30°}$$

Häufig wird jedoch auch die bereits aus dem Buch **Wechselstrom und Zeigerdiagramme** bekannte Darstellung als Zeiger

$$\underline{U} = 5V\angle 30°$$

verwendet.

Die Darstellung in der Exponentialform ist jedoch wichtig, um die Multiplikation und Division von Zeigern zu verstehen, die weiter unten in Buch beschrieben werden.

Umrechnung der Darstellungsformen

Da eine komplexe Zahl durch eine der beiden Darstellungen eindeutig festgelegt ist, ist auch eine Umrechnung der Darstellung in kartesischen Koordinaten in Polarkoordinaten und umgekehrt möglich.

Beispiel: Umwandung der Zahl $\underline{a}$=4+3j in Polarkoordinaten

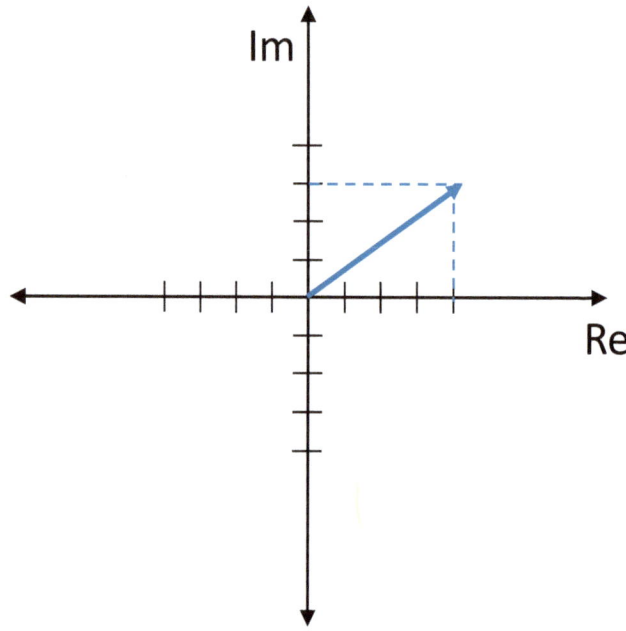

In der Darstellung ist die Zahl $\underline{a}$=4+3j dargestellt. Der Betrag dieser Zahl lässt sich aus

$$z = \sqrt{4^2 + 3^2} = \sqrt{25} = 5$$

ermitteln (Satz des Pythagoras).

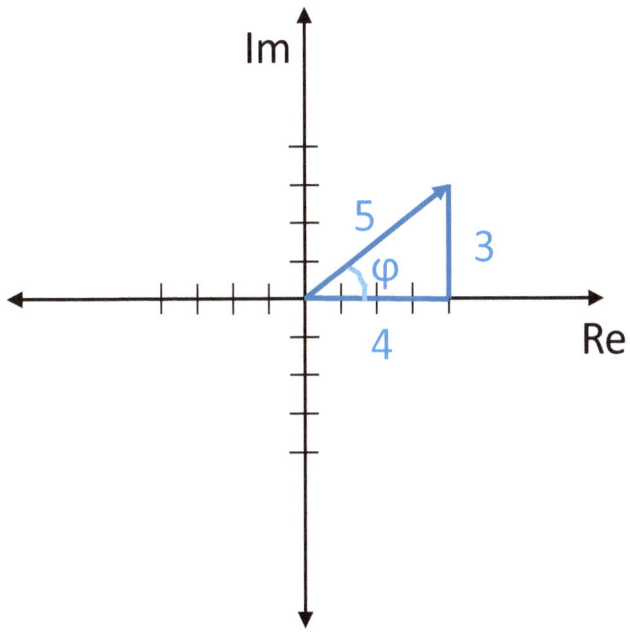

Der Winkel φ ergibt sich aus tanφ=3/4 oder sinφ=3/5 oder auch cosφ=4/5.

Für den Winkel ergibt sich somit: φ=36,87°.

In der Darstellung in Polarkoordinaten ergibt sich also für a:

$$\underline{a} = 5 \cdot e^{j36,87°}$$

Umgekehrt ist ebenfalls die Umrechnung aus der Darstellung in Polarkoordinaten in die Darstellung in kartesischen Koordinaten möglich.

Das soll nun am gleichen Beispiel gezeigt werden.

Gegeben ist also die gleiche komplexe Zahl, nun angegeben mit den Polarkoordinaten $\underline{a} = 5 \cdot e^{j36,87°}$.

Diese Zahl soll in eine Darstellung in kartesischen Koordinaten umgewandelt werden.

Die Darstellung in der komplexen Ebene zeigt, dass ein rechtwinkeliges Dreieck, bestehend aus Realteil (Ankathete des Winkels φ=36,8°), Imaginärteil (Gegenkathete) und dem Betrag der komplexen Zahl (Hypotenuse) gebildet wird.

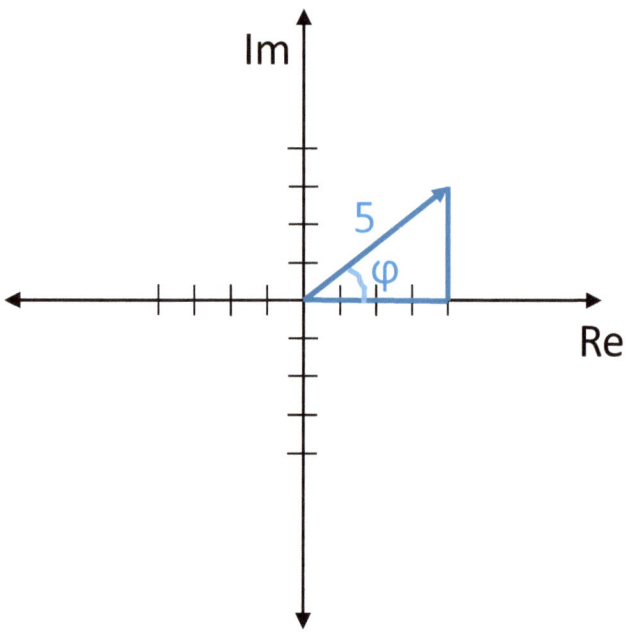

Der Realteil berechnet sich somit aus: Re{$\underline{a}$}=5 * cos(36,8°) = 4

Der Imaginärteil berechnet sich aus: Im{$\underline{a}$}=5 * sin(36,8°) = 3

Das Ergebnis ist also wie erwart $\underline{a}$=4+3j.

Rechnen mit komplexen Zahlen

In der Elektrotechnik geht es nun darum, die komplexen Zahlen zur Berechnung von Wechselspannungsnetzwerken zu nutzen.

Addition und Subtraktion

Die Addition und Subtraktion komplexer Zahlen erfolgt am besten in der kartesischen Darstellung, wie am folgenden Beispiel klar wird.

Die Addition der beiden Zahlen $\underline{a}$=2+3i und $\underline{b}$=4+5i ergibt:

$\underline{a}$+$\underline{b}$ = 2+3i+4+5i = 2+4 + 3i+5i = 6+8i

Komplexe Zahlen werden addiert, indem man die Realteile und die Imaginärteile addiert.

Für die Subtraktion komplexer Zahlen gilt analog:

Komplexe Zahlen werden subtrahiert, indem man die Realteile und die Imaginärteile subtrahiert.

Sind die komplexen Zahlen in Polarkoordinaten geben, wandelt man sie in kartesische Koordinaten um und addiert, bzw. subtrahiert, sie dann.

Multiplikation komplexer Zahlen

Die Multiplikation komplexer Zahlen ist sowohl in kartesischen Koordinaten wie auch in Polarkoordinaten möglich.

Da eine komplexe Zahl in kartesischen Koordinaten aus der Summe aus Realteil und Imaginärteil besteht, erfolgt die Multiplikation zweier komplexen Zahlen durch das algebraische Ausmultiplizieren zweier Summen.

Dies wird am einfachsten an einem Beispiel deutlich.

Zwei komplexe Zahlen $\underline{a}$=2+3j und $\underline{b}$=3+4j sollen multipliziert werden.

$\underline{a}$ * $\underline{b}$ = (3+2j) * (4+3j)

Für die Ausmultiplikation muss jeder Term mit jedem Term multipliziert werden.

Also:

(3+2j) * (4+3j) =

(3*4) +   // 12

(3*3j) +   // 9j

(2j*4) +   // 8j

(2j*3j)   // -6

=

12+9j+8j-6 = 6 + 17j

(Anmerkung 2j*3j = -6, denn j*j = -1. Warum j*j=-1 ist, wird weiter unten erklärt)

In vielen Fällen lohnt es sich, die zu multiplizierenden komplexen Zahlen in die entsprechenden Polarkoordinaten umzuwandeln, denn die Multiplikation in Polarkoordinaten ist sehr einfach.

Multiplikation zweier komplexen Zahlen in Polarkoordinaten.

Die Multiplikation zweier komplexen Zahlen soll wieder an einem Beispiel verdeutlicht werden.

Gegeben seien in diesem Beispiel zwei komplexe Zahlen,

$$\underline{a} = 2 \cdot e^{j30°} \text{ und } \underline{b} = 3 \cdot e^{j50°}$$

Das Produkt von $\underline{a}$ und $\underline{b}$ ergibt:

$$\underline{a} \cdot \underline{b} = 2 \cdot e^{j30°} \cdot 3 \cdot e^{j50°} = 2 \cdot 3 \cdot e^{j30°} \cdot e^{j50°}$$

Der Betrag lässt sich also aus dem Produkt der Einzelbeträge errechnen. 2*3 = 6

Es bleibt das Produkt aus zwei Potenzen, die beide die gleiche Basis e haben.

Was ist nun das Produkt zweier Potenzen mit gleicher Basis?

An einem einfachen Beispiel mit der Basis 10 wird das anschaulich deutlich.

$$10^2 \cdot 10^3 = (10 \cdot 10) \cdot (10 \cdot 10 \cdot 10) = 10 \cdot 10 \cdot 10 \cdot 10 \cdot 10 = 10^5$$

Potenzen mit gleicher Basis werden potenziert, indem man die Exponenten addiert (2+3=5)

In unseren Beispiel ergibt sich also:

$$\underline{a} \cdot \underline{b} = 2 \cdot e^{j30°} \cdot 3 \cdot e^{j50°} = 2 \cdot 3 \cdot e^{j30°} \cdot e^{j50°} = 6 \cdot e^{(j30°+j50°)} = 6 \cdot e^{j80°}$$

Es gilt also:

Zwei komplexe Zahlen werden multipliziert, indem man die Beträge multipliziert und die Winkel addiert.

Division komplexer Zahlen

Die Division zweier komplexer Zahlen erfolgt ähnlich der Multiplikation.

Dies soll wieder an einem Beispiel verdeutlicht werden.

$$\frac{6 \cdot e^{j70°}}{3 \cdot e^{j40°}} = 2 \cdot \frac{e^{j70°}}{e^{j40°}}$$

Auch in diesem Beispiel können die Beträge dividiert werden. Es bleibt der Quotient zweier Potenzen mit gleicher Basis.

Die Division zweier Potenzen soll wieder an einem einfachen Beispiel mit der Basis 10 verdeutlicht werden.

$$\frac{10^7}{10^4} = \frac{10 \cdot 10 \cdot 10 \cdot 10 \cdot 10 \cdot 10 \cdot 10}{10 \cdot 10 \cdot 10 \cdot 10} = 10 \cdot 10 \cdot 10 = 10^3$$

Potenzen mit gleicher Basis werden dividiert, indem man die Exponenten subtrahiert (7-4=3)

In unseren Beispiel ergibt sich also:

$$\frac{6 \cdot e^{j70°}}{3 \cdot e^{j40°}} = 2 \cdot \frac{e^{j70°}}{e^{j40°}} = 2 \cdot e^{j30°}$$

Zwei komplexe Zahlen werden dividiert, indem man die Beträge dividiert und die Winkel subtrahiert.

Warum ist j^2=-1

Nun aber zur oben bereits genutzten Eigenschaft von j.

Das Quadrat von j ist gleich -1.

An der komplexen Ebene sieht man am besten, warum j^2=-1 ist.

Die Zahl j erhält man durch Drehung der reellen Zahl 1 um 90°.

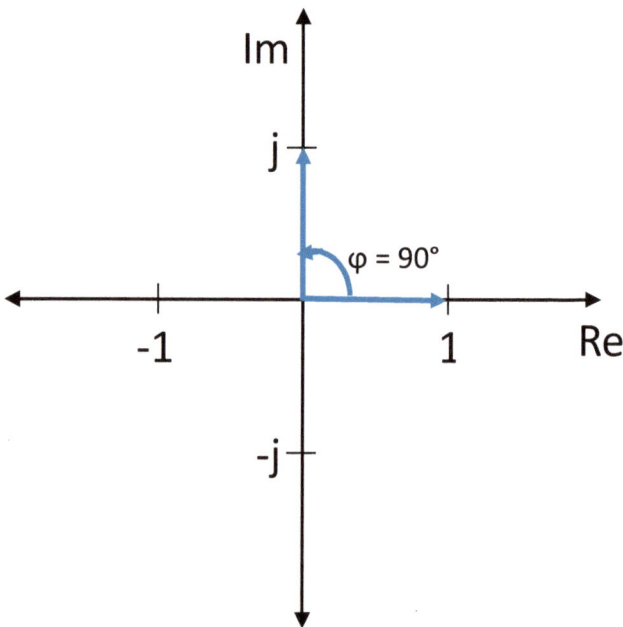

Die reelle Zahl 1 multipliziert mit j ist also gleich der reellen Zahl um 90° gedreht.

$$j = 1 \cdot e^{j90°}$$

Multipliziert man j ein zweites Mal mit j (bzw. dreht den Zeiger um weitere 90°) erhält man

$$j^2 = 1 \cdot e^{j180°}$$

Also die Zahl 1 um 180° gedreht. Das entspricht dem Wert -1, wie man an folgendem Diagramm erkennen kann.

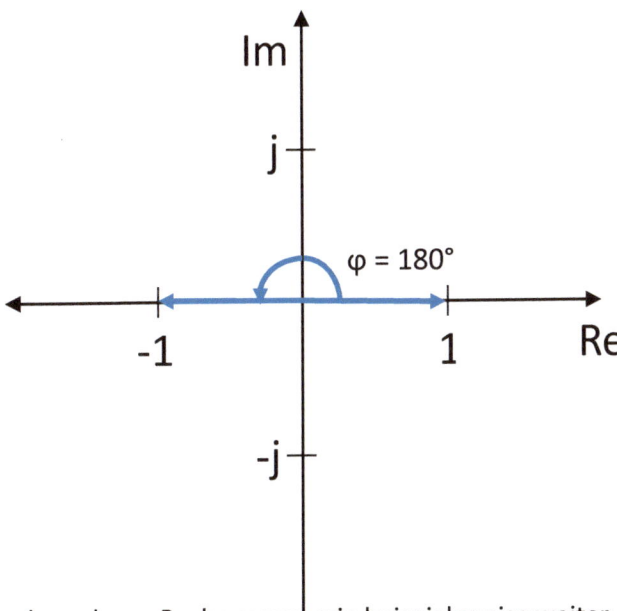

In vielen komplexen Rechnungen wie beispielsweise weiter oben bei der Multiplikation komplexer Zahlen in kartesischen Koordinaten, kann diese Eigenschaft j^2=-1 genutzt werden, um komplexe Gleichungen zu vereinfachen.

Komplexe Zahlen in der Elektrotechnik

Nachdem die mathematischen Grundlagen der komplexen Zahlen gelegt worden sind, geht es nun im Folgenden um die Verwendung der komplexen Zahlen in der Elektrotechnik.

Komplexe Zahlen werden in der Elektrotechnik verwendet, um effektiv mit Zeigern in der Wechselstromtechnik zu rechnen.

Die wesentlichen Beziehungen in der Wechselstromtechnik sind die Beziehungen von Strom und Spannungen an ohmschen Widerständen, Kapazitäten und Induktivitäten.

Der ohmsche Widerstand R im Wechselstromkreis

Am ohmschen Widerstand gilt auch im Wechselstromkreis das ohmsche Gesetz. Spannung und Strom sind hier phasengleich, so dass auch für die komplexen Zeiger wie im Gleichstromkreis gilt:

$$\underline{U} = R \cdot \underline{I}$$

Der Widerstand R ist rein reell, hat also den Phasenwinkel 0°. Aus diesem Grund wird der ohmsche Widerstand R nicht unterstrichen.

Die Induktivität L im Wechselstromkreis

Ein Strom I erzeugt an der Induktivität L eine Spannung U. Der Betrag von U lässt sich mit folgender Formel berechnen:

$$U = X_L \cdot I = \omega L \cdot I$$

Der Betrag des induktiven Wechselstromwiderstands ist $X_L = \omega L$

Zudem sorgt die Induktivität für eine **Phasenverschiebung** zwischen Spannung und Strom, die bei der Betrachtung der Zeigerdiagramme ohne die komplexe Rechnung, getrennt betrachtet wird.

Mit Hilfe der komplexen Rechnung kann diese Phasenverschiebung in der komplexen Gleichung mitberücksichtigt werden.

Bei einer Induktivität eilt die Spannung dem Strom um 90° vor. Diese Phasenbeziehung wird in dem komplexen Wechselstromwiderstand der Induktivität mitberücksichtigt.

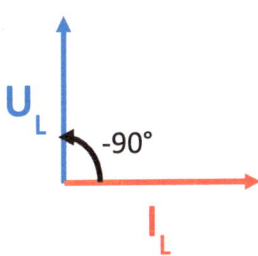

Es gilt

$$\underline{X}_L = j\omega L$$

Bei der komplexen Berechnung der Spannung ergibt sich somit mit

$$\underline{U} = \underline{X}_L \cdot \underline{I} = j\omega L \cdot \underline{I}$$

eine Spannung an der Induktivität, die um 90° voreilt, denn eine Multiplikation mit j entspricht wie weiter oben beschrieben eine Drehung um 90°.

Die Kapazität C im Wechselstromkreis

Ein Strom I erzeugt an der Kapazität C eine Spannung U, die sich mit folgender Formel berechnen lässt.

$$U = X_C \cdot I = \frac{1}{\omega C} \cdot I$$

Der Betrag des kapazitiven Wechselstromwiderstands ist $X_C = 1/\omega C$.

Mit Hilfe der komplexen Rechnung kann die Phasenverschiebung zwischen Spannung und Strom an einer Kapazität in der komplexen Gleichung mitberücksichtigt werden.

Bei einer Kapazität eilt die Spannung dem Strom um 90° nach.

Diese Phasenbeziehung wird in dem komplexen Wechselstromwiderstand der Kapazität mitberücksichtigt.

Es gilt

$$\underline{X}_C = \frac{-j}{\omega C}$$

Bei der komplexen Berechnung der Spannung ergibt sich somit mit

$$\underline{U} = \underline{X}_C \cdot \underline{I} = \frac{-j}{\omega C} \cdot \underline{I}$$

eine Spannung an der Induktivität, die um 90° nacheilt, denn eine Multiplikation mit -j entspricht eine Drehung um -90°.

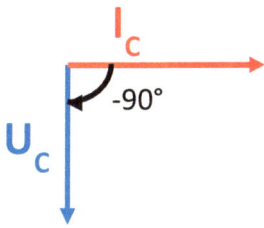

Hinweis:

Häufig wird die kapazitive Impedanz mit

$$\underline{X}_C = \frac{1}{j\omega C}$$

angegeben.

Eine Erweiterung des Bruchs mit j zeigt, dass diese beiden Angaben äquivalent sind.

$$\underline{X}_C = \frac{1}{j\omega C} = \frac{j}{j \cdot j\omega C} = \frac{j}{-1 \cdot \omega C} = \frac{-j}{\omega C}$$

Hier noch einmal eine Übersicht zu den Impedanzen

$$X_L = j\omega L$$

$$R$$

$$X_C = -j/\omega C$$

Berechnung eines komplexen Spannungsteilers

Mit Hilfe der komplexen Zahlen können Wechselstromschaltungen berechnet werden ohne großen Wert auf die Zeigerdiagramme legen zu müssen.

Am Beispiel eines komplexen Spannungsteilers soll dies einmal gezeigt werden.

Im ersten Schritt werden die einzelnen Rechnungen Schritt für Schritt ausgeführt. Im dann folgenden Schritt wird in einem Video gezeigt, wie die einzelnen Rechenoperationen mit einem Taschenrechner durchgeführt werden können.

Die Berechnung von Wechselstromnetzwerken ähnelt dann sehr der Berechnung von vergleichbar einfachen Gleichspannungsnetzwerken, wenn der Aufwand für die einzelnen Berechnungen wegfällt.

Nun aber zum Beispiel.

Gegeben sei folgende Schaltung:

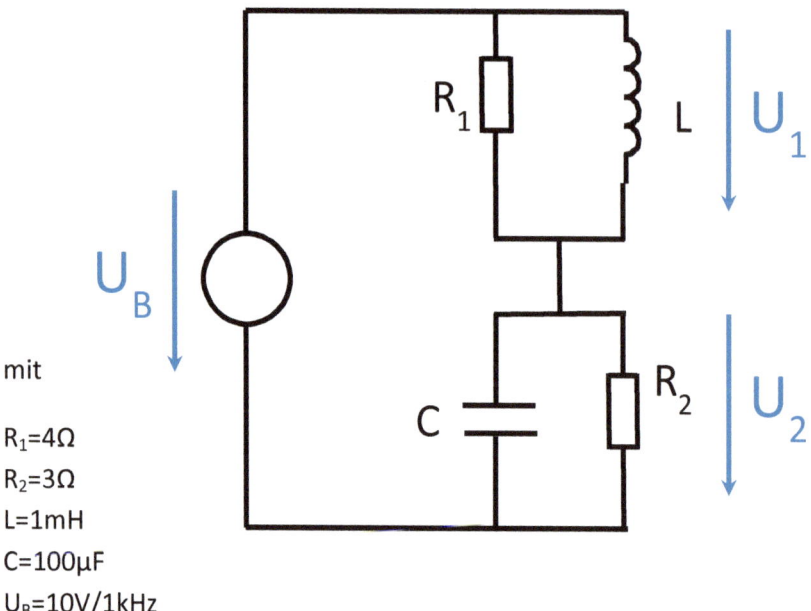

mit

$R_1 = 4\Omega$

$R_2 = 3\Omega$

$L = 1mH$

$C = 100\mu F$

$U_B = 10V / 1kHz$

Gesucht ist die Spannung $\underline{U}_2$ in Betrag und Phase.

Es gibt verschiedene Möglichkeiten diese Schaltung zu berechnen.

Im Folgenden wird dieser Weg beschrieben:

- Berechnung von $\underline{Z}_1$ (Parallelschaltung aus R_1 und L)
- Berechnung von $\underline{Z}_2$ (Parallelschaltung aus R_2 und C)
- Berechnung der Gesamtimpedanz $\underline{Z}_{Ges} = \underline{Z}_1 + \underline{Z}_2$
- Berechnung der Gesamtstromstärke I
- Berechnung von $\underline{U}_2$

Berechnung von $\underline{Z}_1$

Analog zum Gleichstromfall lässt sich die Parallelschaltung aus R_1 und L zusammenfassen mit

$$\underline{Z}_1 = \frac{R_1 \cdot \underline{X}_L}{R_1 + \underline{X}_L}$$

Mit $R_1 = 4\Omega$ und

$$X_L = j\omega L = j2\pi \cdot 1000Hz \cdot 1mH = j6{,}28\Omega$$

ergibt sich für $\underline{Z}_1$

$$\underline{Z}_1 = \frac{R_1 \cdot \underline{X}_L}{R_1 + \underline{X}_L} = \frac{4\Omega \cdot j6{,}28\Omega}{4\Omega + j6{,}28\Omega} = \frac{j25{,}12\Omega^2}{4\Omega + j6{,}28\Omega} = \frac{j25{,}12\Omega}{4 + j6{,}28}$$

Für die Division werden Zähler und Nenner in die Polarform gebracht.

$$j25{,}12\Omega = 25{,}12 \cdot e^{j90°}$$

4+j6,28 lässt sich mit Hilfe des Satz des Pythagoras und den trigonometrischen Funktionen umwandeln.

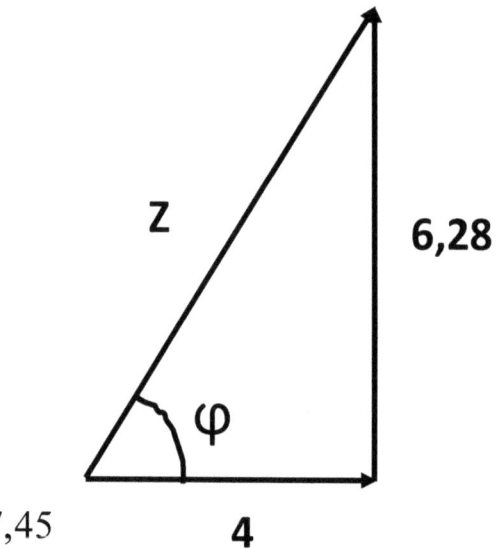

$$\sqrt{4^2 + 6,28^2} = 7,45$$

$$\arctan \frac{6,28}{4} = 57,5°$$

$$\Rightarrow 4 + j6,28 = 7,45 \cdot e^{j57,5°}$$

Somit ist

$$\underline{Z}_1 = \frac{j25,12\Omega}{4 + j6,28} = \frac{25,12\Omega \cdot e^{j90°}}{7,45 \cdot e^{j57,5°}} = 3,374\Omega \cdot e^{j32,5°}$$

Berechnung von Z2

Entsprechend wird $\underline{Z}_2$ berechnet.

$$\underline{Z}_2 = \frac{R_2 \cdot \underline{X}_C}{R_2 + \underline{X}_C}$$

Mit $R_2 = 3\Omega$ und $\underline{X}_C = 1/j\omega C = -j1,59\Omega$ ergibt sich für $\underline{Z}_2$

$$\underline{Z}_2 = \frac{R_2 \cdot \underline{X}_C}{R_2 + \underline{X}_C} = \frac{3\Omega \cdot (-j1,59\Omega)}{3\Omega - j1,59\Omega} = \frac{-j4,77\Omega^2}{3\Omega - j1,59\Omega} = \frac{-j4,77\Omega}{3 - j1,59}$$

Für die Division werden Zähler und Nenner analog zu Berechnung von $\underline{Z}_1$ auch hier mit Hilfe der trigonometrischen Funktionen in die kartesische Form umgewandelt.

$$-j4,77\Omega = 4,77 \cdot e^{-j90°}$$

$$3 - j1,59 = 3,4 \cdot e^{-j27,9°}$$

Somit ist

$$\underline{Z}_2 = \frac{-j4,77\Omega}{3 - j1,59} = \frac{4,77\Omega \cdot e^{-j90°}}{3,4 \cdot e^{-j27,9°}} = 1,4\Omega \cdot e^{-j62,1°}$$

Berechnung der Gesamtimpedanz $\underline{Z}_{Ges} = \underline{Z}_1 + \underline{Z}_2$

Für die Addition von $\underline{Z}_1$ und $\underline{Z}_2$ müssen die Impedanzen nun in die kartesische Form gebracht werden.

$$\underline{Z}_1 = 3{,}374\Omega \cdot e^{j32{,}5°}$$

$$\mathrm{Re}\{\underline{Z}_1\} = 3{,}374\Omega \cdot \cos 32{,}5° = 2{,}85\Omega$$

$$\mathrm{Im}\{\underline{Z}_1\} = 3{,}374\Omega \cdot \sin 32{,}5° = 1{,}8\Omega$$

$$\underline{Z}_1 = 3{,}374\Omega \cdot e^{j32{,}5°} = (2{,}85 + j1{,}8)\Omega$$

$$\underline{Z}_2 = 1{,}4\Omega \cdot e^{-j62{,}1°}$$

$$\mathrm{Re}\{\underline{Z}_2\} = 1{,}4\Omega \cdot \cos(-62{,}1)° = 0{,}655\Omega$$

$$\mathrm{Im}\{\underline{Z}_2\} = 1{,}4\Omega \cdot \sin(-62{,}1)° = -1{,}24\Omega$$

$$\underline{Z}_2 = 1{,}4\Omega \cdot e^{-j62{,}1°} = (0{,}655 - j1{,}24)\Omega$$

$$\underline{Z}_{Ges} = \underline{Z}_1 + \underline{Z}_2 = (2{,}85 + j1{,}8)\Omega + (0{,}655 - j1{,}24)\Omega =$$
$$(3{,}5 + j0{,}56)\Omega$$

Berechnung der Gesamtstromstärke I

Die Berechnung der Stromstärke I erfolgt über eine Division.

$$\underline{I} = \frac{\underline{U}}{\underline{Z}_{Ges}}$$

Für die Impedanz Z_{Ges} wird also wieder die Darstellung in Polarkoordinaten benötigt.

$$\underline{Z}_{Ges} = 3,5 + j0,56 = 3,54A \cdot e^{j9°}$$

Die Stromstärke I beträgt demnach

$$\underline{I} = \frac{\underline{U}}{\underline{Z}_{Ges}} = \frac{10V \cdot e^{j0°}}{3,54A \cdot e^{j9°}} = 2,82 \cdot e^{-j9°}$$

Berechnung von $\underline{U}_2$

Im letzten Schritt kann nun die Spannung U_2 berechnet werden.

Der Strom $\underline{I}$ sorgt für den Spannungsfall $\underline{U}_2$ an $\underline{Z}_2$.

Also ist

$$\underline{U}_2 = I \cdot \underline{Z}_2 = 2,82A \cdot e^{-9°} \cdot 1,4\Omega \cdot e^{-j62,1°} =$$
$$3,95V \cdot e^{-j71,1°}$$

Rechnen mit komplexen Zahlen mit dem Taschenrechner.

Das manuelle Rechnen mit komplexen Zahlen wird bei komplizierteren Schaltungen sehr aufwändig. Zwar lassen sich die einzelnen Rechnungen in die Grundtechniken

- Umrechnen von kartesischen Koordinaten in Polarkoordinaten und umgekehrt

- Addition und Subtraktion in kartesischen Koordinaten, bzw. Multiplikation und Division in Polarkoordinaten

überführen.

In der Praxis ist jedoch der manuelle Aufwand zu hoch.

Es gibt jedoch Taschenrechner, die dem Elektrotechniker diese Rechnerei abnehmen.

Komplexe Zahlen werden dann ähnlich behandelt wie die „normalen" reellen Zahlen.

Das heißt:

Man gibt die komplexen Zahlen bei der Berechnung einfach in einem der beiden Formate, also in kartesischen Koordinaten oder Polarkoordinaten, ein. Um die Umrechnung kümmert sich der Taschenrechner. Das Ausgabeformat kann man ebenfalls frei wählen, bzw. vom Taschenrechner wie gewünscht umrechnen lassen.

Wie einfach das geht zeige ich im folgenden Video, in dem ich die vorherige Aufgabe einmal mit dem Taschenrechner vorführe.

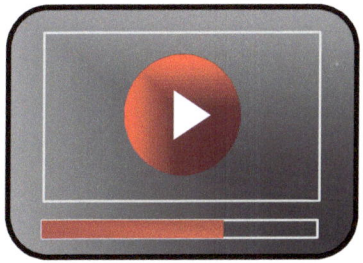

http://ET-Tutorials.de/Komplexe-Zahlen-VIDEO1

Komplexe Leistung

Neben Strömen, Spannungen und Impedanzen lassen sich auch Wechselstromleistungen gut mit Hilfe der komplexen Zahlen berechnen.

Zur Erinnerung:

Die Scheinleistung an einem Wechselstromwiderstand lässt sich berechnen aus:

S = U * I

Der Winkel der Scheinleistung berechnet sich aus der Differenz des Spannungswinkels und des Stromwinkels, also.

$$\angle S = \angle U - \angle I$$

Beispiel:

An einer Induktivität eilt der Strom der Spannung um 90° nach. Der Winkel der Spannung ist also um 90° größer als der Winkel des Stroms. Die Differenz dieser Winkel, und damit der Winkel der Scheinleistung ist also immer 90°. Diese Leistung wird induktive Blindleistung genannt.

An einer Kapazität eilt der Strom der Spannung um 90° vor. Der Winkel der Spannung ist also um 90° kleiner als der Winkel des Stroms. Die Differenz dieser Winkel, und damit der Winkel der Scheinleistung ist also immer -90°. Diese Leistung wird kapazitive Blindleistung genannt.

WICHTIG!

Bei der Berechnung der Wechselstromleistung mit Hilfe der komplexen Zahlen muss folgendes beachtet werden.

$$\underline{S} \neq \underline{U} \cdot \underline{I}$$

Um die komplexe Scheinleistung zu berechnen dürfen Spannungszeiger und Stromzeiger **NICHT** einfach multipliziert werden. Das ist leider ein gern gemachter Fehler.

Bei einer einfachen Multiplikation von Spannung und Strom würden sich die Winkel addieren. Die Winkel müssen jedoch zur Leistungsberechnung subtrahiert werden.

Der Winkel der Leistung ist der Winkel der Spannung U **minus** dem Winkel der Stromstärke I.

Um den Winkel korrekt zu berechnen, muss also der Winkel der Stromstärke mit negativem Vorzeichen versehen werden.

Der Fachbegriff hierfür lautet: **konjugiert komplex**.

Der konjugierte komplexe Wert einer komplexen Zahl ist eine Zahl mit gleichem Betrag aber negativem Winkel.

Ein Beispiel

Ist die komplexe Darstellung einer Stromstärke

$$\underline{I} = 5A\angle 40°$$

dann ist der konjugiert komplexe Wert

$$\underline{I}^* = 5A\angle -40°$$

Bei einer Spannung von

$$\underline{U} = 10V\angle 0°$$

Erhält man so eine Scheinleistung

$$\underline{S} = \underline{U} \cdot \underline{I}^* = 10V\angle 0° \cdot 5A\angle - 40° = 50VA\angle - 40°$$

Leistung am ohmschen Widerstand

Am ohmschen Widerstand wird nur Wirkleistung umgesetzt.
Der Winkel der Scheinleistung ist also 0°.

Eine Spannung

$$\underline{U} = 5V\angle 30°$$

Erzeugt an einem Widerstand R=1Ω eine Stromstärke

$$\underline{I} = 5A\angle 30°$$

Die umgesetzte Leistung an dem Widerstand beträgt

$$\underline{S} = \underline{U} \cdot \underline{I}^* = 5V\angle 30° \cdot 5A\angle - 30° = 25VA\angle 0°$$

An dem Widerstand wird also reine Wirkleistung (φ=0°)
umgesetzt (P=25W).

Äquivalente Schaltungen

Parallelschaltungen mit Impedanzen können in eine Reihenschaltung umgewandelt werden, und umgekehrt.

Diese Art von Aufgaben, die häufig in Klausuren vorkommt, können mit Hilfe der komplexen Zahlen sehr elegant gelöst werden.

Umwandlung einer Parallelschaltung in eine äquivalente Reihenschaltung

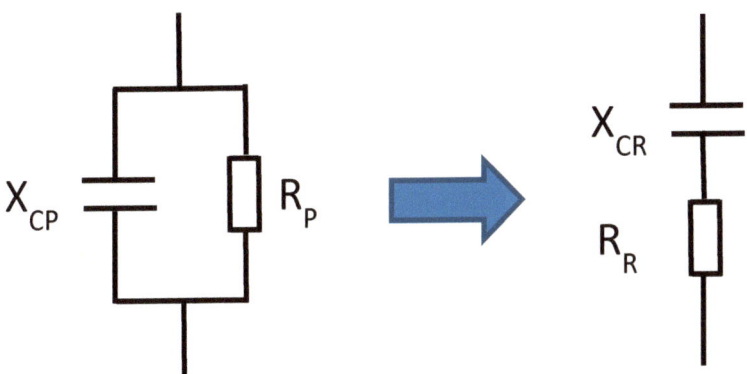

In diesem Beispiel soll eine Parallelschaltung aus $R_P=10\Omega$ und $X_{CP}=5\Omega$ in eine äquivalente Reihenschaltung (R_R und X_{CR}) umgewandelt werden.

Die Berechnung der Impedanz der Parallelschaltung ergibt

$$\underline{Z} = \frac{R_R \cdot \underline{X}_{CR}}{R_R + \underline{X}_{CR}} = \frac{10\Omega \cdot (-j5\Omega)}{10\Omega - j5\Omega)} = 2\Omega - 4j\Omega$$

Die Berechnung kann wie oben durch Umwandlung des Nenners in Polarkoordinaten und abschließende Umwandlung in kartesische Koordinaten erfolgen.

Oder durch die einfache Eingabe der Werte in den Taschenrechner.

Die Angabe von $\underline{Z}$ in kartesischen Koordinaten zeigt schon das Ergebnis der Aufgabe.

Da die Reihenschaltung die (komplexe) Addition von R_R und $\underline{X}_{CR}$ bedeutet, lassen sich diese Werte direkt ablesen.

$$\underline{Z} = 2\Omega - 4j\Omega = R_R + \underline{X}_{CR}$$

Also ist in der äquivalenten Reihenschaltung $R_R = 2\Omega$ und $\underline{X}_{CR} = -j4\Omega$, bzw. $X_{CR} = 4\Omega$

Im folgenden kurzen Video zeige ich die Berechnung mit dem Taschenrechner.

http://ET-Tutorials.de/Komplexe-Zahlen-VIDEO2

Umwandlung einer Reihenschaltung in eine äquivalente Parallelschaltung

Für den umgekehrten Weg, also die Umwandlung einer ohmsch-kapazitiven Reihenschaltung, wird die soeben berechnete Reihenschaltung aus $R_R=2\Omega$ und $X_{CR}=4\Omega$ wieder in eine äquivalente Parallelschaltung umgerechnet.

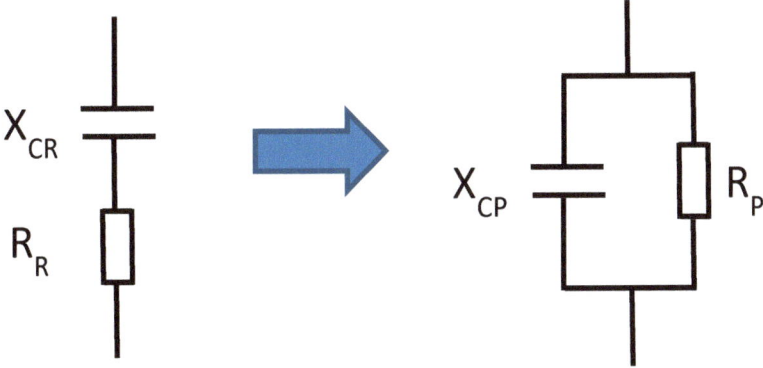

Bei einer Parallelschaltung kann man aus dem Realteil und dem Imaginärteil des Ergebnisses die gesuchten Bauteile nicht erkennen, da in der Parallelschaltung nicht die Widerstandswerte sondern die Leitwerte addiert werden.

Zur Umwandlung der Reihenschaltung in eine Parallelschaltung berechnet man daher den komplexen Leitwert $\underline{Y}$.

Es gilt:

$$\underline{Z} = \frac{1}{\underline{Y}} = R + \underline{X}_C = 10\Omega - j5\Omega$$

Die Bildung des Kehrwertes durch manuelle Rechnung oder mit Hilfe des Taschenrechners ergibt:

$$\underline{Y} = (0{,}1 + 0{,}2\,j)S$$

Da der rein ohmsche Leitwert nur durch den Widerstand R_P gebildet werden kann, gilt

$$\frac{1}{R_P} = 0{,}1S \Rightarrow R_P = 10\Omega$$

Der imaginäre Teil des Leitwerts wird durch die Kapazität dargestellt.

Entsprechend gilt für die Kapazität:

$$\frac{1}{\underline{X}_{CP}} = j\frac{1}{0{,}2}S \Rightarrow \underline{X}_{CP} = \frac{1}{j0{,}2S} = -j5\Omega$$

http://ET-Tutorials.de/Komplexe-Zahlen-VIDEO3

Weitere Informationen

Zum Thema Wechselstrom und zu weiteren Themen der Elektrotechnik veröffentliche ich auf meiner Website ET-Tutorials.de Artikel und Lehrvideos.

Interessierte finden auf dieser Seite ebenfalls einen **kostenlosen E-Mail Video-Kurs**, der Schritt für Schritt durch die Grundlagen der Elektrotechnik führt.

In diesem Video-Kurs werden folgende Themen behandelt:

- Grundlagen der Elektrotechnik
- Wechselstromtechnik
- Komplexe Zahlen in der Elektrotechnik
- Drehstrom
- Elektrische Maschinen
- Elektronik
- Digitaltechnik
- Elektroniksimulation
- Mikrocontroller-Programmierung
- und vieles mehr …

Weitere Bücher des Autors auf ET-Tutorials.de

Eine Übersicht meiner bereits erschienen Bücher und E-Books findet man unter http://ET-Tutorials.de/Bucher